BEI GRIN MACHT SICH IHR WISSEN BEZAHLT

- Wir veröffentlichen Ihre Hausarbeit,
  Bachelor- und Masterarbeit

- Ihr eigenes eBook und Buch -
  weltweit in allen wichtigen Shops

- Verdienen Sie an jedem Verkauf

Jetzt bei www.GRIN.com hochladen
und kostenlos publizieren

Elisabeth Junge

Nordamerikanische Bildungssysteme am Beispiel der USA und Kanadas

GRIN Verlag

Impressum:

Copyright © 2011 GRIN Verlag GmbH
Druck und Bindung: Books on Demand GmbH, Norderstedt Germany
ISBN: 978-3-656-31097-6

Dieses Buch bei GRIN:

http://www.grin.com/de/e-book/204184/nordamerikanische-bildungssysteme-am-
beispiel-der-usa-und-kanadas

Ludwig-Maximilians-Universität
Department für Geo- und Umweltwissenschaften
Lehrstuhl für Wirtschaftsgeographie und Tourismusforschung
Große Exkursion Toronto/Chicago
SS 2011

Nordamerikanische Bildungssysteme

am Beispiel der USA und Kanadas

Verfasserin: **Elisabeth Junge**

Studiengang: **Lehramt an Gymnasien, Deutsch / Erdkunde**

Fachsemester: **11**

Abgabedatum: **10. Oktober 2011**

Inhaltsverzeichnis   Seite

Abbildungsverzeichnis

Seite

1 Einleitung

In den vergangenen Jahren rücken verschiedene Vergleichstests innerhalb von Schulen, Bundesländern und auch zwischen mehreren Staaten immer mehr in den Vordergrund. So werden Schulvergleichsstudien wie PISA, TIMSS und IGLU nicht nur auf nationaler Ebene, sondern auch auf internationaler Ebene durchgeführt. Die Ergebnisse werden jedes Jahr gespannt erwartet und publiziert. Regelmäßig wiederkehrend finden dann Diskussionen über die unterschiedlichen Vor- und Nachteile im Bildungssystem der einzelnen Staaten statt. Der Konkurrenzkampf, der auf diese Art und Weise zwischen den teilnehmenden Staaten losgetreten wird, führt zu Diskussionen in der Politik und zu unzähligen weiteren Studien und Änderungsvorschlägen im Bildungsbereich.

Vor diesem Hintergrund beschäftigt sich die vorliegende Arbeit mit nordamerikanischen Bildungssystemen. Im Vordergrund stehen dabei das sekundare und postsekundare Bildungssystem der USA und Kanadas. Im ersten Teil der vorliegenden Arbeit findet somit eine eingehende Beschäftigung mit den einzelnen „high school"-Typen der einzelnen Länder statt. Im Anschluss daran wird das Universitätswesen der USA und Kanadas betrachtet. Hier wird auch immer wieder Bezug auf die Unterschiede zum deutschen Hochschulbereich genommen. Ziel der Arbeit ist es die unterschiedlichen Bereiche in beiden Ländern eingehend zu durchleuchten und vor allem (v.a.) den strukturellen Aufbau darzustellen. Neben den Zuständigkeiten der einzelnen Bildungsbereiche wird immer wieder auf die eventuell herrschende Flexibilität innerhalb dieser Systeme Bezug genommen.

2 Sekundares Bildungssystem

Im folgenden Gliederungsabschnitt beschäftigt sich die Arbeit ausschliesslich mit den sekundaren Bildungssystemen der Vereinigten Staaten von Amerika und Kanadas. Um den Rahmen nicht zu sprengen, werden die Abschnitte des Kindergartens, der Vorschule und des primaren Bildungsbereiches ausgespart. Ebenso findet keine ausführliche Auseinandersetzung mit dem Schulbereich statt, der für Kinder mit speziellem Förderbedarf in den jeweiligen Ländern eingerichtet ist. Die verschiedenen Differenzierungsformen, die es sowohl in den USA als auch in Kanada in Form von unterschiedlichen Leistungsniveaugruppen gibt, werden nicht näher erläutert.

2.1 USA

Bei der Betrachtung des Schulwesens der USA fokussiert sich die vorliegende Arbeit, wie schon erwähnt, auf den sekundaren Bereich. Hierbei findet eine Auseinandersetzung mit den verschiedenen „high school"-Typen statt.

2.1.1 Allgemeines zum Sekundarschulbereich

Die nachfolgende Grafik zeigt einen Ausschnitt des Bildungssystems der USA. Auf der linken x-Achse ist das durchschnittliche Lebensalter aufgetragen und auf der rechten x-Achse findet sich die Unterteilung der Bildungsebenen nach Jahrgang oder Klassenstufe. Nach der Kleinkinderschule („nursery school"), die auf freiwilliger Basis besucht werden kann und dem Kindergarten, der oft Bestandteil des Schulwesens ist, folgt das Elementar- oder Primarschulwesen („elementary or primary school"). Ab dem siebten Schuljahr beginnt der Sekundarschulbereich. Hierzu gehören allgemeinbildende Mittel- und Oberschulen, Berufs- und Gewerbeschulen und handwerklich-technische Berufsfachschulen, die in verschiedensten Kombinationen hinsichtlich der Dauer in dem Block der „high schools" inbegriffen sind.

Abbildung 1: Primares und sekundares Bildungssystem der USA

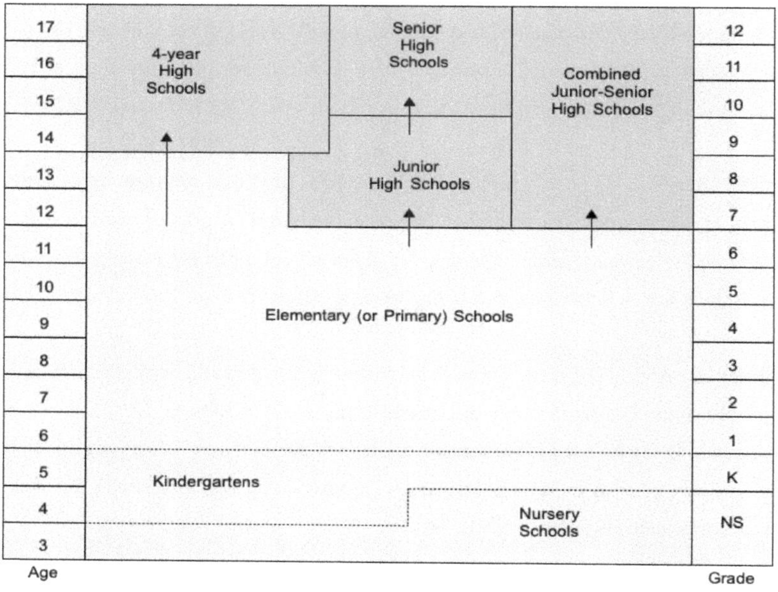

Quelle: Reimann 1970, 12, eigene Bearbeitung.

Der Bereich der Sekundarstufe, der als Einheitsschulsystem fungiert, wird in drei Bereiche unterteilt. Hierzu gehören die Typen „academic", „vocational" und „technical". Neben den Einzelschultypen besteht die „Comprehensive High School", die alle Einzelsparten in derselben Schule zusammenfasst (Reimann 1970, 12ff.; Buttlar 1992, 69).

Die Schulsysteme großer Städte, wie z.B. New York, neigen dazu, die 'High Schools' nach Sonderaufgaben zu spezialisieren und berufsbildende wie handwerklich-technische Lehrprogramme an Sonderschulen durchzuführen. Ein für die Flexibilität des Sekundarschulwesens zeugendes Symptom ist es, daß selbst an spezialisierten Sekundarschulen der Typen „vocational" und „technical" immer auch Vorkehrungen für den Unterricht in allgemeinbildenden und auf das College vorbereitenden Fächern angeboten und erteilt wird, ein Umstand, der es einem zunächst mehr praktisch und handwerklich interessierten Jugendlichen durchaus ermöglicht, sich später an „College" oder „University" weiterzubilden (Reimann 1970, 17f.).

Beim Übertritt von der Grundschule in die Sekundarschulen gibt es keine speziellen Prüfungen. In einigen Bundesstaaten werden aber Leistungsnachweise in Kernfächern wie Lesen, Rechnen und Schreiben verlangt. Allerdings bedeutet die Tatsache, dass keine Prüfungen im eigentlichen Sinn abgehalten werden nicht, dass es keine Übergangsprobleme gibt. So erweist es sich für Schüler, die aus sogenannten „neighborhood schools" kommen oft als schwierig, die Umstellung von der behüteten Grundschule auf eine traditionelle „high school" zu meistern. Dort herrscht eine deutlich größere Schülerpopulation, der Unterricht ist nach dem Fachlehrersystem organisiert und es bestehen Leistungsniveaugruppen, die den Konkurrenz- und Leistungsdruck fördern (Buttlar 1992, 70).

Die verschiedenen Bereiche in den „high schools" sollen auf das College vorbereiten, Berufsschulbildung vermitteln oder handwerklich-technisch ausbilden. Am Ende wird bei allen verschiedenen Wegen, die gewählt werden können, das „high school diploma" verliehen, das bei einem regulären Besuch der Schulen nach zwölf bis dreizehn Jahren erreicht ist (Reimann 1970, 12ff.).

Obwohl die erforderliche Anzahl an „credits" von Schuldistrikt zu Schuldistrikt verschieden ist, gibt es innerhalb der USA keine Diskussion über die Anerkennung des Abschlusses. Dennoch gibt es einige Staaten, wie zum Beispiel (z.B.) Iowa, North-Carolina und Ohio, die in Verbindung mit einer auf „excellence" ausgerichteten Schulreform darüber nachdenken, eine Differenzierung des „high school"-Zertifikats vorzunehmen (Dichanz 1991, 40).

2.1.2 4-year High Schools

Dem Besuch der vierjährigen Mittel- oder Oberschule, geht ein Grund- und Hauptschulbesuch voran, der insgesamt acht Jahre dauert. Dieses System wird auch als acht-vier Plan oder -Modell bezeichnet. Je nach Region und soziologischer Struktur der Schülerschaft ist hier die letzte Schulstufe oftmals eine erweiterte Hauptschulstufe bis zum Niveau eines neunten oder zehnten

Schuljahres im deutschen Sinne (Reimann 1970, 13ff.).

Die „high school" ist generell das Kernstück des amerikanischen Schulsystems. Obwohl sie je nach Einzelstaat und Schuldistrikt unterschiedlich organisiert ist, findet man in den meisten Fällen den Typ der „4-year high school" (Dichanz 1991, 37).

2.1.3 Junior High Schools und Senior High Schools

Wählt der US-amerikanische Schüler den Weg in die „junior high school", so gibt es zwei verschiedene Arten der Schulkarriere.

Im Laufe des ersten Weges folgt nach einem sechsjährigen Hauptschulbesuch eine zwei Jahre dauernde, selten selbstständige Übergangsstufe. Dieser Typ wird auch sechs-zwei-vier Plan genannt, da nachfolgend eine vierjährige Mittel- oder Oberschule anschließt.

Infolge des zweiten Weges wird zuerst eine sechsjährige Hauptschule besucht, an die sich eine dreijährige, oftmals selbstständige Übergangsstufe anschließt. Hierfür gibt es die Bezeichnung sechs-drei-drei System, da der Schüler danach eine drei Jahre dauernde Mittel- oder Oberschule besucht. Auch hier ergeben sich oft erstaunlich große Niveauunterschiede, selbst in nächster geographischer Nachbarschaft (Reimann 1970, 13ff.).

2.1.4 Combined Junior-Senior High Schools

Will ein US-amerikanischer Schüler die kombinierte Variante aus „junior- und Senior high school" besuchen, so steht am Anfang der Besuch einer sechsjährigen Hauptschule. Danach folgt eine sechsjährige Kombination aus Vor-, Unter-, Mittel- und Oberstufe einer „high school" (Reimann 1970, 13ff.). Das Bildungssystem, welches die kombinierte „junior-senior high school" bietet, ist stark praxisorientiert. Neben den Pflichtfächern Mathematik, Biologie, Physik, Chemie, Sozialkunde, Sport und „English Language", wird den Schülern durch ein Wahlfächersystem („elective courses") ermöglicht aus einer Vielzahl verschiedener Angebote selbst Kurse zu wählen. Fast die Hälfte des zu bewältigenden Pensums wird durch die Wahlkurse ausgefüllt. Neben berufsvorbereitenden kaufmännischen Kursen können auch AGs wie z.B. „Big Band" belegt werden (Schneider-Sliwa 2005, 231).

2.2 Kanada

Wird im Zusammenhang mit Kanada vom öffentlichen Schulsystem gesprochen, so kann dies zu Missverständnissen führen. In den meisten Provinzen Kanadas bestehen in der Regel (i.d.R.) zwei Systeme nebeneinander. Es gibt das „public system" und das „separate system", wobei „public" auf die Religionsmehrheit in einem Schulbezirk bezogen wird. So kann es z.B. in wenigen Fällen durch katholische Schulen zur Bildung eines „public systems" kommen. Allgemein sind die öffentlichen Schulen allerdings nicht einer bestimmten Religionsgruppe zugeordnet, wohingegen die „separate schools" eindeutig für Schüler mit katholischem Glauben zuständig sind. Beide Schultypen bilden zusammen das allgemeine oder öffentliche Schulsystem. Dies bedeutet, dass sie ausschließlich durch Steuergelder finanziert und durch die Öffentlichkeit kontrolliert werden. In Konkurrenz dazu stehen die Privatschulen, die nur durch die Erhebung von zum Teil erheblichen Schulgeldern und durch private Schenkungen getragen werden und eine eigene Schulverwaltung besitzen (Stephan 1984, 40). In Kanada besteht eine Schulpflicht vom sechsten bis mindestens zum 16. Lebensjahr, wobei auch hier regionale Unterschiede herrschen (Avenarius et al. 2007, 58).

Das kanadische Schulsystem ist ein Gesamtschulsystem, in dem es keine Differenzierung in unterschiedliche Schulformen gibt. Die interne Differenzierung findet in den meisten Provinzen erst ab der zehnten Klassenstufe statt (BMBF 2007, 37).

2.2.1 Allgemeines zum Sekundarschulbereich

> Der Übergang von der Elementar- zur Sekundarschule kann verschiedene Formen annehmen. Es gibt Schulen, die in einem Gebäude alle Altersstufen vom Kindergarten bis zum 12. Schuljahr aufweisen. Hier ist die Unterscheidung zwischen Primar- und Sekundarstufe, wenigstens aus der Perspektive der Schüler und Eltern, mehr administrativ als real, weil der Übergang fließend ist (Stephan 1984, 52).

Die eben beschriebene Art von Schulen findet sich eher in kleineren Gemeinden, deren Gesamtzahl an schulpflichtigen Kindern die Zahl 300 nicht übersteigt. Größere Schulbezirke haben Schulen, die speziell für die Mittelstufe, das heißt (d.h.) die siebten bis neunten Klassen, eingerichtet sind. Eigenständige Sekundarschulen haben normalerweise mehr als 600 Schüler. In Großstädten kann diese Zahl auf bis zu 3.000 anwachsen. Hierbei handelt es sich dann oftmals um gesamtschulähnliche „comprehensive high schools", in denen alle Fächer unterrichtet werden, die von der handwerklichen Berufsausbildung bis zur Vorbereitung auf die Universität reichen (Stephan 1984, 52f.). Der Sekundarschulabschnitt, der auf die Berufsbildung oder weiterführende Bildungsgänge vorbereitet, wird durch Wahl- und Pflichtfächer gegliedert. Während der erste Abschnitt der sekundaren Bildung durch Pflichtfächer bestimmt wird, überwiegen in der zweiten Phase die Wahlfächer. Hier sammeln die Schüler eine Mindestanzahl an Pflicht- und Wahl-"credits", die zum Erreichen des Abschlusses notwendig sind. Beendet wird die sekundare Schullaufbahn in Kanada mit dem Erwerb des „high school diploma". Diesen Abschluss erreichen kanadische Schüler allerdings erst mit erfolgreicher Beendigung der zwölften Klasse (Avenarius

2007, 58f.).

Die folgende Grafik stellt die eben beschriebenen Zusammenhänge vereinfacht dar. Die große Flexibilität, die in Kanada im Bereich des Sekundarschulwesens vorherrscht, kann nur bedingt wiedergegeben werden.

Abbildung 2: Primares und sekundares Bildungssystem Kanadas

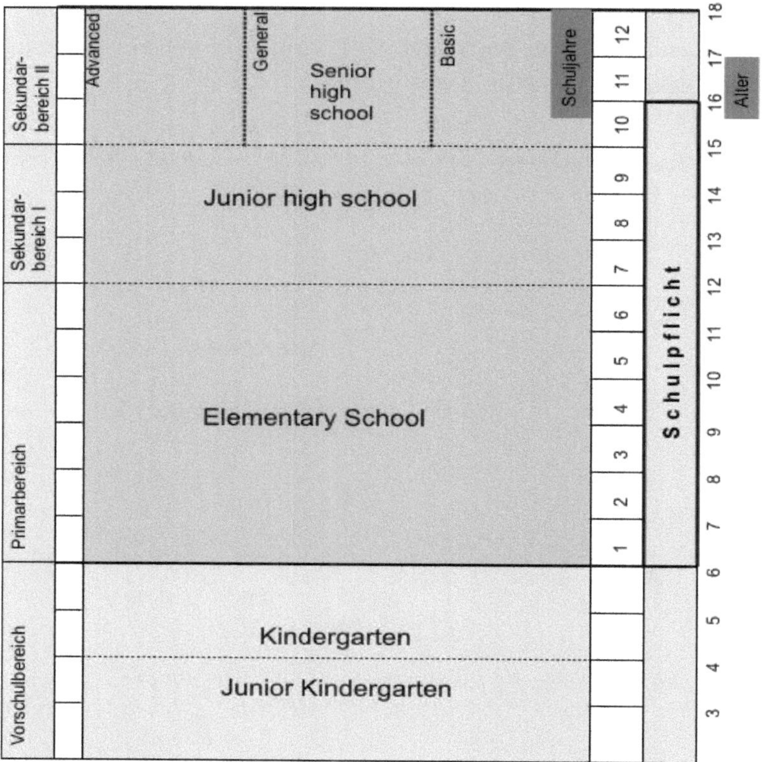

Quelle: Avenarius et al. 2007, 57, eigene Bearbeitung.

Da die Schulpflicht bereits nach der zehnten Klasse erfüllt ist, beendet ein von Provinz zu Provinz unterschiedlicher Anteil an Schülern die Schullaufbahn zunächst oder auf Dauer ohne „high-school"-Abschluss. Aufgrund hoher Schulabbrecher-Raten kam es zur Einführung eines „second chance"-Systems, wodurch Erwachsenen ermöglicht wird, das „high school diploma" nachzuholen (Avenarius 2007, 58ff.; BMBF 2007, 41).

Die anschließende Grafik dient zur Verdeutlichung der Schulabbrecherquote in einem Alter von 20 Jahren bis 24 Jahren. Insgesamt zeigt sich ein rückgängiger Trend, der wohl in direktem Zusammenhang mit der Einführung der „second chance"-Programm gesehen werden kann. Zusätzlich spielen sicherlich auch die verschiedenen Optionen eine Rolle, die in verschiedenen Provinzen Kanadas eingeführt wurden, um den Übergang von der Schulwelt in die Arbeitswelt zu erleichtern. So gibt es z.B. „co-operative education programmes" mit Unternehmen in „community colleges" und „high schools". Zu nennen ist hier eine Kooperation zwischen „Human Resources Development Canada", der nationalen Behörde für Bildung, Arbeit und soziale Angelegenheiten und dem nationalen PISA-Konsortium (BMBF 2007, 41).

Abbildung 3: High School-Abbrecher in Kanada, 1998-2009, aufgegliedert nach Geschlecht

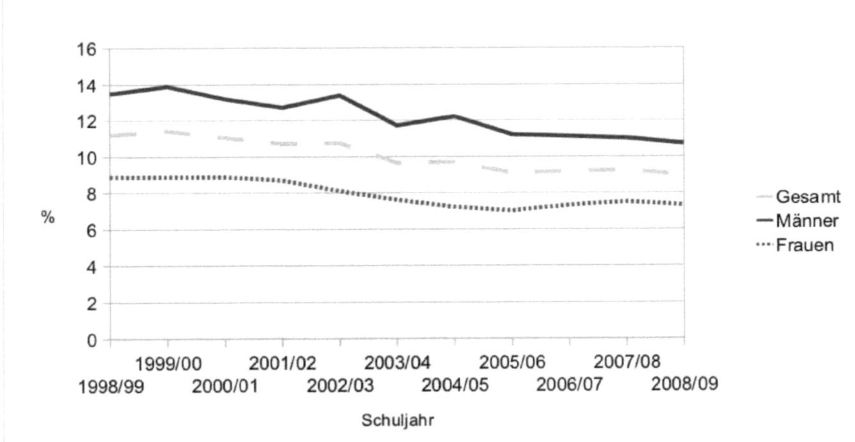

Hinweis: Schulabbrecher sind hier definiert als Erwachsene zwischen 20 und 24 Jahren, die nicht die Schule besuchen und auch keinen High School Abschluss besitzen.

Quelle: Statistics Canada 2011, eigene Bearbeitung.

2.2.2 Junior High Schools

Die „junior high schools", die den deutschen Mittelschulen ungefähr entsprechen, sollen den besonderen Bedürfnissen des Teenageralters gerecht werden (Stephan 1984, 52). Während die sogenannten „middle schools" von der Klassenstufe sechs bis acht reichen, sind in der „junior high school" die Klassenstufen sieben bis neun vertreten. Die Binnengliederung des Sekundarbereichs weicht aber, wie schon erwähnt, in den einzelnen Provinzen stark voneinander ab (Avenarius 2007, 58). Der Zeitpunkt des Übergangs in die weiterführenden Schulen, wie die „junior high school", unterscheidet sich nicht nur zwischen den Provinzen, sondern auch innerhalb einer Provinz. So wechseln die kanadischen Schüler in der Provinz Saskatchewan bereits nach fünf Jahren auf die „junior high school", wohingegen der Übertritt in eine organisatorisch eigenständige Sekundarschule in den Provinzen Ontario und Manitoba erst nach acht Jahren erfolgt (BMBF 2007, 38).

2.2.3 Senior High Schools

Die „senior high school" oder Oberschule schließt an die „junior high school" an. Hier besuchen die Schüler die Klassen zehn bis zwölf. In Orten, in denen die Elementarschule bis zur achten Klasse besucht wird, umfasst die „senior high school" die Klassen neun bis zwölf (Stephan 1984, 52).

In der Oberstufe der kanadischen Schulen werden i.d.R. drei verschiedene Programme angeboten. Hierzu zählen die Vorbereitung auf Universitätsstudien, die Vertiefung der Allgemeinbildung und die berufsvorbereitende Ausbildung. Die letzten beiden Varianten zielen dabei direkt auf die Arbeitswelt ab. Zusätzlich werden diese Ausbildungszweige unterteilt in die Fachrichtungen Handel und Gewerbe („business education"), Dienstleistungen in der Textil- und Lebensmittelbranche („home economics") oder handwerkliche Berufe („industrial arts"). Absolventen, die diese Berufsschulprogramme erfolgreich abgeschlossen haben, können direkt in den Arbeitsprozess eintreten (Stephan 1984, 55).

3 Postsekundares Bildungssystem

Im Verlauf des zweiten großen Blocks der vorliegenden Arbeit findet die Auseinandersetzung mit dem postsekundaren Bildungssektor der USA und Kanadas statt. Hierbei richtet sich der Fokus verstärkt auf das College- und Universitätswesen.

3.1 USA

> Im Bereich der higher education lassen sich graduate und undergraduate studies unterscheiden. Die undergraduate studies schließen sich organisatorisch und inhaltlich direkt an die High Schools an. Sie werden an Colleges mit zwei- oder vierjährigen Studiengängen absolviert (Wentzel 2000, 236).

Die Universität im U.S.-amerikanischen Bildungssystem ist gegenüber anderen Funktionen äußerst differenziert und positioniert ihren Brennpunkt im kognitiven Komplex. Dennoch besitzt sie nicht nur eine, sondern vielzählige Funktionen (Parsons, Platt 1990, 143). Die folgenden

Gliederungspunkte setzen sich allerdings weniger mit den unterschiedlichen Funktionen der Universitäten in den USA auseinander, denn mit organisatorischen Abläufen, Eingangsvoraussetzungen und der Finanzierungspolitik.

3.1.1 Allgemeines zum College

Zum Teil (z.T.) entsteht oft Verwirrung dadurch, dass der Begriff „college" für alle weiterführenden Hochschulen nach der „high school" gebraucht wird. Grundsätzlich bezeichnet dieser spezifische Begriff ausschließlich die Hochschulen, an denen „undergraduate studies" angeboten werden, d.h. Studiengänge, die vier Jahre dauern. Studiengänge, die zwei Jahre dauern, werden von den „community" oder „junior colleges" angeboten, wobei hier eine starke Praxisorientierung vorherrscht. Dies bedeutet, dass neben einer Anzahl von allgemeinbildenden Kursen die Berufsausbildung für die Studierenden im Vordergrund steht (Wentzel 2000, 236). „Nach zwei Jahren wird der A.S. (Associate of Science) oder der A.A. (Associate of Arts) verliehen" (Wentzel 2000, 236). Bei einem vierjährigen Besuch eines „colleges" ist es möglich den B.S. („Bachelor of Science") oder den B.A. („Bachelor of Arts") zu erlangen. Die sozial- und geisteswissenschaftlichen Studiengänge gehen dort mit einer breit gefächerten Universitätsausbildung einher. „Comprehensive schools" und „professional schools" schließen an die vier Jahre dauernden Einrichtungen an. In „comprehensive schools" können bestimmte Studiengänge auf „undergraduate" oder „graduate" Niveau absolviert werden. Als höchster akademischer Grad gilt hier der M.A. („Master of Arts") oder der M.S. („Master of Science"). In „professional schools" herrscht ein Angebot von Studiengängen, die auf eine konkrete Berufsausbildung ausgelegt sind. Die Studiengänge können in Abhängigkeit von dem künftigen Berufsziel auf dem „undergraduate" Level (z.B. Lehrer), dem „graduate" Level (z.B. Jurist) oder einer Kombination von beiden (z.B. Betriebswirt) abgeschlossen werden (Wentzel 2000, 236). „Professional schools" bieten generell Studiengänge in den Fächern Theologie, Medizin, Rechtswissenschaften und Wirtschaftswissenschaften an, die bis zur Promotion führen können (Buttlar 1992, 101).

3.1.2 Allgemeines zur Universität

Generell wird in den Vereinigten Staaten von Amerika die Bildungseinrichtung als „university" bezeichnet, die der deutschen Hochschule entspricht. Auch in den USA gibt es eine Unterscheidung zwischen allgemeinen und technischen Hochschulen, wobei auch Kombinationen beider Formen bestehen, an denen z.B. eher technische Studiengänge (Architektur) gelehrt werden (Buttlar 1992, 101).

Im Gegensatz zu den „comprehensive schools", ist es an den U.S.-amerikanischen Universitäten möglich zu promovieren und somit den Ph.D. („Doctor of Philosophy") zu erlangen. Oft sind in die Universitäten ein oder mehrere „colleges", eine „graduate school" und mehrere „professional schools" integriert (Wentzel 2000, 236f.). Anders als in Deutschland ist der Begriff „university" gesetzlich nicht geschützt. So gibt es z.B. Hochschulen, die sich „institute" („Massachusetts Institute of Technology") oder „college" („College of William and Mary") nennen. Bezeichnend ist hier nicht der Name, sondern eher die Ausbildungsfunktion, die sich u.a. in den Studienabschlüssen zeigt (Buttlar 1992, 101).

Die unter 3.1, 3.1.1 und 3.1.2 beschriebenen Zusammenhänge und Einzelheiten sind in Abbildung vier grafisch verdeutlicht.

Abbildung 4: Grundstruktur des Hochschulwesens der USA

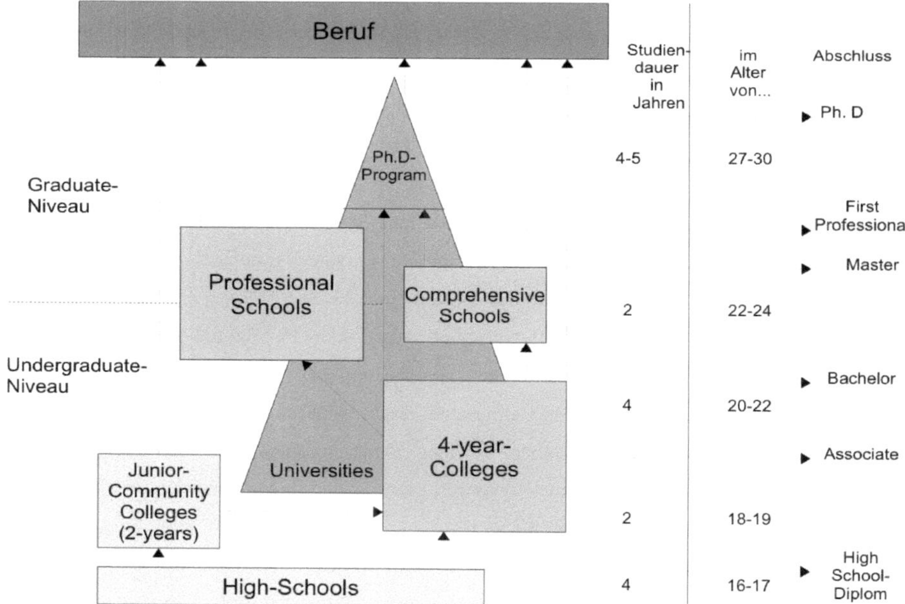

Quelle: Wentzel 2000, 237, eigene Darstellung.

3.1.2.1 Eingangsvoraussetzungen zum Hochschulstudium

Für die Zulassung zum Hochschulbereich gelten nicht die erworbenen „high school diplomas" als Grundlage, sondern entweder schulunabhängige testgemessene Leistungen in den Kernfächern oder

Aufnahmeprüfungen. An „equal-opportunity" Hochschulen wird Studenten aus Minderheitsgruppen (v.a. Afro- oder Lateinamerikaner) ein bedeutender Bonus eingeräumt, der in der Öffentlichkeit umstritten ist. Diese Studenten können auf der Basis einer geringeren Leistungspunktzahl die Universitäten besuchen. Die Leistungspunktzahl, die für die Einschreibung an der Universität erreicht werden muss, differiert je nach der Position des Faches, des Studiengangs, der Abteilung und der Universität im amerikanischen Hochschulranking erheblich (Reuter 2003, 31).

3.1.2.2 Organisation der Hochschulen

> Eine im wesentlichen deutsche 'graduate school`, die Forschung betont, wurde strukturell auf ein englisches College gesetzt, das sich der Allgemeinbildung widmet. 'Professional Schools`, die in Europa gewöhnlich als getrennte Einheiten bestanden hatten, wurden zunehmend in die 'university` eingegliedert, wobei einige parallel zu den 'graduate schools` eingeordnet wurden, (z.B. Jura, Medizin, Theologie) andere parallel zum 'liberal arts college` standen (z.B. Ingenieurwesen, Forstwirtschaft, Musik) (Reimann 1970, 202).

Das vorliegende Zitat verdeutlicht grob den strukturellen Aufbau der Struktur und Organisation des amerikanischen Hochschulwesens. So hat sich aus einem Kompromiss, der zwischen verschiedenen Sparten und Ansprüchen geschlossen wurde, eine eigenständige amerikanische Struktur des Hochschulwesens entwickelt. Zu nennen sind hier die Tradition des „colleges" der „artes liberales", als dem Kernstück der „higher education", die Notwendigkeit, die zukünftigen vollakademischen Studenten auf das Hochschulstudium vorzubereiten und das finanzielle Bedürfnis nach einem „undergraduate college" als Träger eines erheblich teureren „graduate training".

Im Aufbau des U.S.-amerikanischen Hochschulwesens gibt es zwei völlig verschieden gelagerte Arten von „professional schools". Dieser Unterschied ist besonders im Hinblick auf die Beurteilung und Auswertung der vollakademischen Studien von Belang. Als Vollakademiker im deutschen Sinne zählen die Personen, die zumindest mit einem Magisterdiplom der „graduate school of arts and sciences" oder „education" ihr Studium beenden. Hinzu kommen noch die Absolventen der „law schools", „medical schools", „dental schools", „veterinary schools" und der amerikanischen „divinity schools". Für die Studierenden, die an einem „undergraduate college" eingeschrieben sind, ergibt sich eine Vergleichsmöglichkeit allerdings nur auf dem nichtakademischen Niveau. In deutschen Dimensionen wäre dies die höhere technische Staatslehranstalt, Konservatorien oder sonstige höhere Fachschulen. Erst zu dem Zeitpunkt, an dem ein Student die „graduate school" seiner Fachrichtung mit dem Status eines „graduate student" besucht und den „master's degree" erwirbt, wird er im deutschen Verständnis zum Studenten einer Universität (Reimann 1970, 202ff.).

3.1.2.3 Finanzierung der Universitäten

Die Finanzierungsstruktur amerikanischer Universitäten stellt sich vergleichsweise ausdifferenziert dar. Öffentliche und private Hochschulen beziehen ihre Einnahmen aus einer Anzahl verschiedener Quellen: Studiengelder, Dienstleistungsaktivitäten, Spenden und Einnahmen aus Stiftungskapital sowie die bundes- und einzelstaatlichen Finanzierungsmittel sind wesentliche Grundpfeiler der Hochschulfinanzierung in den USA (Wentzel 2000, 265f.).

Während in öffentlichen Hochschulen die Einnahmen aus Studiengeldern bei rund 15% liegen, betragen diese bei privaten Institutionen rund 40% und stellen hier den größten Anteil an der Finanzierung dar. Die privaten Hochschulen können in den USA die Höhe der Studiengelder selbst festlegen, wohingegen die Höhe der Studiengebühren an den öffentlichen Universitäten durch die jeweils geltenden einzelstaatlichen Bestimmungen geregelt ist. Laut einer Umfrage der Carnegie-Stiftung haben aber 83,2% der staatlichen Hochschulen ebenso Einfluss auf die Höhe der Studiengelder, was für den universitären Wettbewerbsprozess von Bedeutung sein kann. Bei der Festlegung der Höhe der Studiengelder gibt es verschiedene Einflussfaktoren. So wird diese Preispolitik v.a. durch die Studiennachfrage, die Hochschulkosten und -erträge beeinflusst. Desweiteren spielen auch die Höhe der Studiengebühren an anderen Hochschulen, das Ausmaß möglicher finanzieller Hilfe für Studierende und die Tradition sowie die Philosophie der Hochschule eine Rolle. Weiterhin zählt auch die Herkunft des Studierenden, d.h. ob der Erstwohnsitz in dem Staat der Hochschule ist oder nicht, als wesentlicher Faktor für die Höhe der Studiengelder bei den staatlichen Universitäten (Wentzel 2000, 266). Zusätzlich muss noch erwähnt werden, dass viele staatliche Hochschulen von der wirtschaftlichen Entwicklung der einzelnen Staaten abhängig sind. Hiervon sind v.a. die öffentlichen Universitäten betroffen, die kein nennenswertes Eigenkapital besitzen, da sie von Rückgängen der Steuereinnahmen und somit durch sinkende Staatszuschüsse besonders hart getroffen werden. So gibt es z.B. gravierende Probleme an Hochschulen im Bundesstaat Texas, als dieser vom Rückgang der Ölpreise betroffen war (Amann 1988, 8).

3.2 Kanada

Mit dem in Kanada üblichen Begriff der postsekundären Bildung (postsecundary education) werden Angebote der höheren beruflichen Bildung, der tertiären Bildung und vielfach auch der Weiterbildung zusammengefasst (Avenarius 2007, 58).

In den folgenden Unterpunkten wird keine ganzheitliche Auseinandersetzung mit allen Sparten des tertiären Bildungssektors in Kanada stattfinden. Die Arbeit konzentriert sich hier rein auf das „college"-Wesen und bestimmte Gegebenheiten an den Universitäten.

3.2.1 Allgemeines zum College

Grundsätzlich besteht in Kanada eine zwölfjährige Schulzeit. Einzige Ausnahme ist die Provinz Quebec, in der es eine berufsbildende Variante gibt, die dreizehn Jahre dauert. Danach besteht je nach erreichtem Abschluss die Möglichkeit, eines der unzähligen „colleges" zu besuchen. An den „colleges" werden berufliche Bildungsgänge angeboten, die i.d.R. nicht zu einem akademischen Abschluss führen. In wenigen westlichen Provinzen ist es allerdings möglich, dass bestimmte Ausbildungsgänge des „colleges" als Teil eines Bachelor-Studiengangs angerechnet werden. Die Ausbildung am „college" ist für die Studierenden kostenpflichtig. Einzige Ausnahme ist das Studium an den staatlichen „Collèges d´Enseignement Superieur (CEGEP)" in Quebec (Avenarius 2007, 58f.).

Als weitere Untergliederung gibt es noch die „community colleges" oder die „junior colleges". Im deutschen Sinne bezeichnen diese Einrichtungen Volkshochschulen, an denen von Einführungskursen für die Universitätsstudien bis zu Englischklassen für Neueinwanderer ein vielfältiges Angebot herrscht. Diese Anstalten unterliegen der öffentlichen Trägerschaft und unterscheiden sich vom privaten Bereich spezieller Berufsfachschulen, wie z.B. Handelsschulen („business colleges"), Schulen für datenverarbeitende Berufe, für Journalisten, Rundfunksprecher etc. In „junior colleges" wird neben allgemeinbildenden Programmen auch ein akademischer Zweig angeboten, in dem einige Grundvorlesungen für künftige Universitätsstudien enthalten sind. Die Universitäten haben sich durch verschiedene Abkommen darauf geeinigt, diese Vorlesungen als vollwertig anzuerkennen, so lange die „colleges" entsprechend qualifizierte Akademiker für diese Veranstaltungen verpflichten. Die „community colleges" ähneln der deutschen Volkshochschule wahrscheinlich am meisten. Diese findet man in nahezu allen Provinzen und es werden allgemeinbildende Kurse angeboten. Neben reinen Hobby-Kursen, wie Fotografie, Malerei, Literatur etc. werden in vielen Veranstaltungen auch spezielle Kenntnisse wie Autoinstandsetzung und Buchhaltung vermittelt. Für Studierende, die die Universitätsreife erwerben wollen, gibt es Klassen für die wichtigsten Oberschulfächer (Stephan 1984, 61ff.).

3.2.2 Allgemeines zur Universität

Generell sind alle Universitäten in Kanada öffentliche Einrichtungen, d.h. sie werden aus Steuergeldern und Studiengebühren finanziert und unterliegen der öffentlichen Kontrolle. An oberster Stelle steht ein gewählter Aufsichtsrat („board of governors"). Dieser ist für die generelle Verwaltung der Universität zuständig. Prominente Mitglieder der Öffentlichkeit und Professoren, die die akademischen Interessen vertreten, bilden den Senat. Zusätzlich gibt es noch einen Leiter der Universität, den sogenannten Universitätspräsidenten. Dieses Amt wird von einem Professor ausgeübt, dessen Ernennung unter die Aufgaben des Aufsichtsrates fällt (Stephan 1984, 62).

Grundsätzlich ist das Hochschulstudium in Kanada in drei Stufen aufgegliedert. Die erste Stufe bilden drei- bis vierjährige Bachelor-Studiengänge. Die zwei weiteren Stufen werden von Master- und Promotionsstudiengängen gebildet. Diese sind in konsekutiver Form und in Form von Weiterbildungsstudiengängen angelegt, die gerade in letzterem Fall auch als Teilzeitstudiengänge organisiert sind. Die ein- bis zweijährigen Masterstudiengänge führen zu einem fachspezifischen Abschluss, bei dem es verschiedene Hauptformen gibt. Hierzu zählen der „Master of Art" (MA), der „Master of Education" (MEd) und der „Master of Business Administration" (MBA). Danach kann an den Master-Abschluss ein drei- bis fünfjähriger Promotionsstudiengang angeschlossen werden (Avenarius 2007, 59).

3.2.2.1 Eingangsvoraussetzungen zum Hochschulstudium

„Die Zulassungsbedingungen zum Studium sind von Fakultät zu Fakultät verschieden" (Stephan 1984, 64). So müssen Oberschüler in Vorbereitung auf ihr Studium spezielle Fächerkombinationen wählen um zugelassen zu werden. Falls in einzelnen Studienrichtungen zu viele Bewerbungen vorliegen, wird der erforderliche Notendurchschnitt heraufgesetzt und somit eine Art „numerus clausus" eingeführt. In Studiengängen wie z.B. Medizin, Zahnmedizin, Veterinärmedizin, Pharmakologie und in den Ingenieurswissenschaften fungiert das erste Jahr in „Arts and Science" mit einer vorgeschriebenen Fächerkombination als Selektionsmechanismus. Danach wird nur eine bestimmte Anzahl der am besten qualifizierten Bewerber zum eigentlichen Fachstudium zugelassen. Beim Jurastudium gilt eine Sonderregelung, nach der i.d.R. nur Studierende aufgenommen werden, die ein volles Universitätsstudium abgeschlossen und einen akademischen Grad erworben haben. Die Studiendauer bis zum Erhalt des Baccalaureats (B.A. - „Bachelor of Arts", B.Sc. - „Bachelor of Science", B.Ed. „Bachelor of Education") beträgt i.d.R. vier Jahre. Danach kann, bei entsprechender Qualifikation, ein „Master's programme" von weiteren zwei Jahren angeschlossen werden. Dies führt zum Erhalt des Magistergrades (M.A., M.Sc, M.Ed.). Grundsätzlich ist der erfolgreiche Abschluss dieser Programme die Voraussetzung für die Zulassung zum „Ph.D. programme" („Doctor of Philosophy"), dessen Dauer je nach Komplexität und Fachgebiet des Forschungsprojektes zwei bis sieben Jahre beträgt. Der Grad des Ph.D. wird in fast allen forschungsorientierten Studiengängen verwendet und ist nicht rein auf die Philosophie begrenzt (Stephan 1984, 64f.).

3.2.2.2 Organisation der Hochschulen

Auch an kanadischen Universitäten gibt es, wie in Deutschland, unterschiedliche Fakultäten. Diese werden oft als „schools" oder „colleges" bezeichnet. Als Leiter stehen Dekane vor und unter den akademischen Lehrern und Forschern wird zwischen „full professor" (vergleichbar mit einem ordentlichen Professor), „associate professor" (vergleichbar mit einem außerordentlichen Professor) und „assistant professor" (vergleichbar mit einem Assistenzprofessor) unterschieden. Professoren und Dozenten sind i.d.R. fest angestellt. Bei diesen Anstellungen handelt es sich allerdings nicht um eine Beamtung, da die Anstellung durch die Universität selbst und nicht durch die Provinzregierung erfolgt. So kann der Anstellungsvertrag auch nur durch die Universität gelöst werden. Disziplinarverfahren, die Auflösung wissenschaftlicher Abteilungen etc. können hierzu führen. Zusätzlich werden die Studenten von „lectures" (Dozenten) und „instructors" (Assistenten) unterrichtet. Damit ein „assistant professor" zum „full professor" aufsteigen kann, muss dieser bestimmte Leistungskriterien erfüllen. I.d.R. dauert solch ein Aufstieg mindestens zwölf Jahre.

Das Bildungsangebot an kanadischen Universitäten ist im Gegensatz zu den meisten europäischen Hochschulen sehr breit gefächert. Die „Faculty of Arts and Science" bildet hierbei das Kernstück. Hier reicht das Angebot von Philosophie bis hin zu den medizinischen vorklinischen Studien (Physik, Chemie, Biologie), dem ingenieurwissenschaftlichem Vorstudium und allen naturwissenschaftlichen, sozialwissenschaftlichen und geisteswissenschaftlichen Studiengängen. Zusätzlich gibt es professionelle Fakultäten, wie Handel und Verwaltung („Faculty of Commerce and Business Administration"), Rechtswissenschaft („Faculty of Law"), Humanmedizin, Zahnmedizin, Veterinärmedizin, Ingenieurswissenschaften, Körpererziehung und Sport („Faculty of Physical Education"), Gesundheitsberufe („Faculty of Nursing") und Erziehungswissenschaft („Faculty of Education") (Stephan 1984, 63f.).

3.2.2.3 Finanzierung der Universitäten

Die Deckung der Kosten für die Universitäten verlagert sich seit 1960 vornehmend auf den öffentlichen Haushalt. Vor 1960 werden viele der Institute als private Stiftungen angesehen und können somit nicht vollständig in das Bildungssystem der Provinzen integriert werden. Die Unterstützung durch die Bundesregierung im Sinne von Planung, Erweiterung und Entwicklung von Forschung und Lehre erweist sich für die Universitäten als unverzichtbar. Nachdem im Jahre 1960/61 rund 22,1% der Gesamtausgaben im Bildungsbereich in den Tertiärbereich investiert werden, steigt dieser Prozentsatz im Jahr 1970/71 auf 36,4% um dann bis zum Jahr 1980/81 wieder auf 33,5% abzusinken. Nach einer fast explosionsartigen Erweiterung des universitären Sektors in den 1960er bis 1970er Jahren erfolgen v.a. in den letzten Jahren große Einschränkungen der finanziellen und somit personellen Mittel. Die Schließung und Zusammenlegung wissenschaftlicher Fachbereiche und die Entlassung von Lehr- und Forschungspersonal können als Folge dieser Situation gesehen werden (Stephan 1984, 66f.).

Abbildung fünf setzt Kanadas Ausgaben für den Bildungssektor im Jahr 2006 in Relation zu den Ausgaben anderer Länder. Gemessen wird der Wert in Beziehung zum Bruttoinlandsprodukt. Auch, wenn hier keine Aufstellung stattfindet, die sich damit auseinandersetzt, wie hoch die Ausgaben der einzelnen Länder für den tertiären Bildungssektor sind, so wird doch deutlich, dass Kanada, v.a. gegenüber Deutschland, ein deutlicher Vorreiter ist, was die Investition von Geldern in den Bildungssektor betrifft.

Abbildung 5: Ausgaben für Bildung in % des Bruttoinlandsprodukts im Jahr 2006

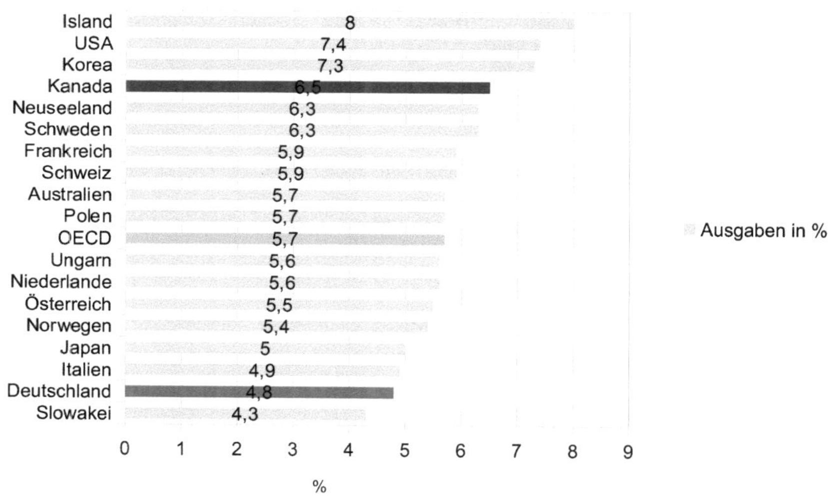

Quelle: Homberger Hingucker 2010, eigene Bearbeitung.

Literaturverzeichnis

Amann, W. (1987): Einblicke in die amerikanische Hochschullandschaft 1987. In: Hummel, Th. (Hrsg.) (1988): Neue Entwicklungen im Hochschulwesen der USA. Frankfurt am Main, Bern, New York, Paris, S. 1-26.

Avenarius, H. et al. (2007): Die Bildungssysteme Kanadas und Deutschlands im Überblick. In: Bos, W. et al. (Hrsg.) (2007): Schulleistungen und Steuerung des Schulsystems im Bundesstaat. Kanada und Deutschland im Vergleich. Münster, New York, München, Berlin, S. 57-120.

Bundesministerium für Bildung und Forschung (BMBF) (2007): Bildungsforschungsband 2. Vertiefender Vergleich der Schulsysteme ausgewählter PISA-Teilnehmerstaaten. Bonn, Berlin. URL: http://www.bmbf.de/pub/pisa-vergleichsstudie.pdf (20.09.2011).

Buttlar, A. (1992): Grundzüge des Schulsystems der USA. Darmstadt.

Dichanz, H. (1991): Schulen in den USA: Einheit und Vielfalt in einem flexiblen Schulsystem. Weinheim, München.

Homberger Hingucker (2010): „Beste Bildung sicher Zukunftschancen". URL: http://www.jjahnke.net/index_files/13004.gif (20.09.2011).

Parsons, T.; Platt, G. M. (1990): Die amerikanische Universität. Ein Beitrag zur Soziologie der Erkenntnis. Frankfurt am Main.

Reimann, H. (1970): Höhere Schule und Hochschule in den USA. Weinheim, Berlin, Basel.

Reuter, L. (2003): Von den Vereinigten Staaten lernen? Zum US-amerikanischen Bildungswesen und zur internationalen Dominanz der amerikanischen Forschungsuniversitäten. In: Hamburger Beiträge zur Erziehungs- und Sozialwissenschaft, Heft 6, S. 27-50.

Schneider-Sliwa, R. (2005): USA: mit 54 Tabellen. Geographie, Geschichte, Wirtschaft, Politik. Darmstadt.

Statistics Canada (2011): Data Source for Chart 6, High-School drop-out rate, by sex. URL: http://www.statcan.gc.ca/pub/12-581-x/2010000/c-g/desc/desc-c-g6-eng.htm (18.09.2011).

Stephan, W. (1984): Das kanadische Bildungswesen. Grundlagen – Tendenzen – Probleme. Köln, Wien.

Wentzel, B. (2000): Deutsche und amerikanische Hochschulen. Ein Systemvergleich. In: Wentzel, B. und Wentzel, D. (Hrsg.) (2000): Wirtschaftlicher Systemvergleich Deutschland/USA anhand ausgewählter Ordnungsbereiche. Stuttgart, S. 223-279.

Wiater, W. (2007): Schule im internationalen Vergleich. In: Apel, H.J. und Sacher, W. (Hrsg.) (2007): Studienbuch Schulpädagogik, 3., überarbeitete und erweiterte Auflage. Bad Heilbrunn, S. 121-137.